Zain Ui Abdin
Waqas Siddique

Kit médico inteligente

Zain Ui Abdin
Waqas Siddique

Kit médico inteligente

ScienciaScripts

Imprint

Cover image: www.ingimage.com

This book is a translation from the original published under ISBN 978-3-659-85562-7.

Publisher:
Sciencia Scripts
is a trademark of
Dodo Books Indian Ocean Ltd. and OmniScriptum S.R.L publishing group

120 High Road, East Finchley, London, N2 9ED, United Kingdom
Str. Armeneasca 28/1, office 1, Chisinau MD-2012, Republic of Moldova, Europe
Managing Directors: Ieva Konstantinova, Victoria Ursu
info@omniscriptum.com

Printed at: see last page
ISBN: 978-620-8-41205-0

Índice:

DEDICAÇÃO

A Alá, o Todo-Poderoso

Para os pais e professores

AGRADECIMENTOS

Estamos extremamente gratos ao nosso orientador, Dr. Shahzad Younas, e ao co-orientador, Dr. Osman Hassan, pela ajuda que nos deram para a realização do nosso projeto de fim de curso. A sua orientação, ajuda e apoio permitiram-nos atingir os objectivos deste projeto.

Estamos também gratos aos membros da nossa comissão, Mansoor Shaukat e Ali Haider, por nos terem dado o seu feedback e ideias que nos ajudaram muito a concluir o nosso projeto.

Capítulo 1

Introdução

1.1 Problema

Em países subdesenvolvidos como o Paquistão, as instalações de saúde são bastante insuficientes para as pessoas que vivem nas zonas rurais. Desde o início que as pessoas que aí vivem são constantemente negligenciadas pelo governo e a maior parte delas não tem acesso a instalações médicas adequadas. Mesmo que os dispensários existam, não há meios adequados para diagnosticar as doenças dos doentes. Para obter estas necessidades básicas, as pessoas têm de percorrer longas distâncias até às cidades, o que por vezes é impossível para algumas pessoas que aí vivem.

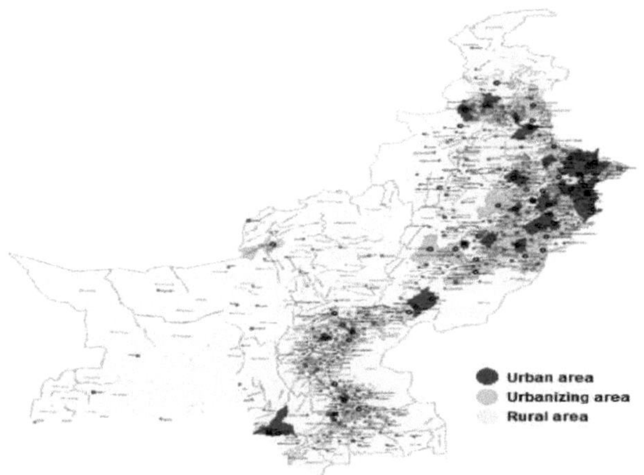

Figura 1 Mapa que mostra a diversidade da população no Paquistão

Esta é a distribuição da população em diferentes áreas do Paquistão. A maior parte da área é não urbanizada ou rural. Cerca de 67% da população total vive em zonas rurais. E 60 % desta população está privada de instalações médicas adequadas.

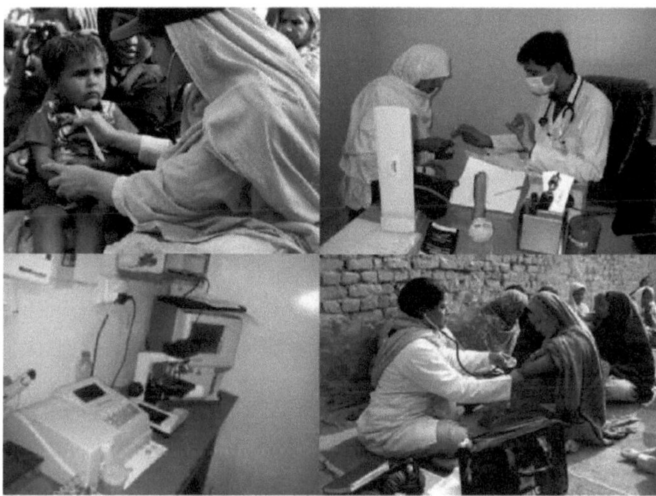

Figura 2: Situação médica nas zonas rurais

De acordo com uma estimativa, há 0,6 médicos e 0,7 camas de hospital por 1.000 pessoas. Em 1993, existiam 302 centros de saúde com 2.462 camas ao serviço da população rural. Em 1991, os centros para deficientes incluíam 11 centros de fisioterapia, 12 centros de retardamento mental, 11 centros para deficientes visuais e 12 centros para deficientes auditivos. No entanto, estas instalações não são suficientes para satisfazer as necessidades de uma grande população. De acordo com uma estimativa, 4 lac crianças morrem todos os anos antes de completarem o seu primeiro aniversário de nascimento, enquanto 2,3 lac mal chegam ao primeiro mês de nascimento. Segundo os peritos em ciências médicas, a falta de conhecimentos e de sensibilização das mães e dos familiares da nossa sociedade é uma das principais causas de todos estes incidentes infelizes com que se confrontam as pessoas inocentes das zonas rurais.

Isto não se fica por aqui, em caso de inundações, terramotos e outras calamidades naturais, são necessários serviços médicos rápidos para diagnosticar doenças, de modo a que estas não se propaguem e afectem outras pessoas.

1.2 Solução

2 Para resolver este problema, planeámos criar um dispositivo capaz de monitorizar o estado físico do doente através de diferentes sensores, processar os dados e enviá-los para os centros médicos, onde o próprio médico pode analisá-los e diagnosticar a doença do doente. Assim, as pessoas não terão de percorrer longas distâncias até às cidades para obter cuidados médicos.

3 A principal caraterística deste projeto é que o dispositivo faz o processamento em tempo real e a aquisição de dados também é feita. Este dispositivo pode ser entregue aos profissionais de saúde ou à população local, que podem recolher os dados dos doentes. Este aparelho é portátil, o que significa que pode ser levado para qualquer lado. É fácil de utilizar e o seu custo é baixo.

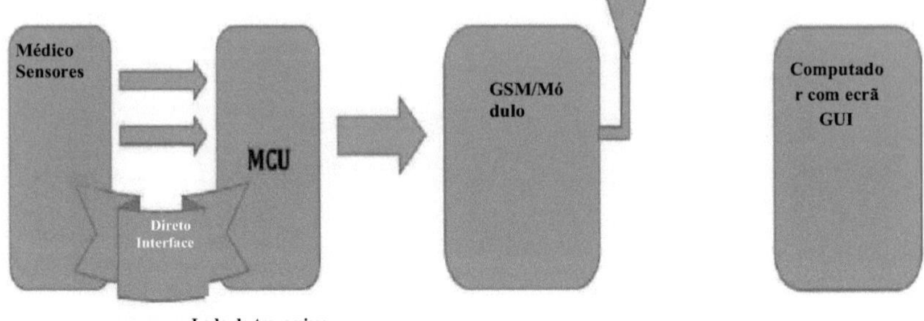

Figura 3: Diagrama de blocos do projeto

Este é o diagrama de blocos do projeto. Neste diagrama existem 4 partes.

- Sensores como temperatura, oxímetro e sensor de pulso
- MCU para obter os dados do sensor e processá-los
- Módulo GSM para enviar os dados para a Web
- GUI para apresentar estes dados no sítio Web

1.3 Objectivos do projeto

O objetivo do projeto era

- Escolher os sensores médicos adequados que sejam fiáveis, não invasivos, baratos e que possam interagir facilmente com o microcontrolador.
- Selecionar a ferramenta de processamento e o dispositivo de transmissão adequados.
- Interface de sensores médicos com o microcontrolador.
- Transmitir dados do microcontrolador para a Internet via GPRS utilizando o módulo GSM.
- Aplicação Web. Conceber uma apresentação GUI adequada.

Capítulo 2

REVISÃO DA LITERATURA

Este projeto é composto por quatro partes principais. Estas partes são as seguintes:

- Interfaces
- Processamento
- Envio de dados para a Web
- Visualizar os dados no sítio Web

2.1 Interfaces

Primeiro, tivemos de escolher os sensores que precisávamos de ligar ao microcontrolador. Estes sensores tinham de ser fiáveis, não invasivos, baratos e poderem ser facilmente ligados ao microcontrolador. Fizemos um estudo exaustivo e, no final, selecionámos 3 sensores.

Os nomes destes sensores são:

- Detetor de impulsos
- Oxímetro de pulso
- Termómetro

Estes sensores são ligados em série ou diretamente ao microcontrolador

2.1.1 Detetor de impulsos

O detetor de pulsação é um sensor que mede a pulsação do corpo.
Permite medir a pulsação de forma muito simples. A medição do pulso pode ser uma coisa muito útil. Os médicos têm utilizado a medição da pulsação há centenas de anos para determinar o stress, o relaxamento, os níveis de aptidão física, as condições médicas e muito mais. Esta informação é fácil de recolher utilizando a medição tátil; podemos determinar a sua pulsação tocando nas artérias do seu pulso ou pescoço. O sensor de pulso mede alterações subtis na luz da expansão dos vasos sanguíneos capilares para detetar o seu batimento cardíaco. Podemos colocar suavemente o sensor em qualquer área da pele (como um dedo ou o lóbulo da orelha) e ele transmitirá dados de pulso para o seu Arduino para processamento. O exemplo de código Processing / Arduino incluído pode visualizar os dados de pulsação diretamente no computador. É uma forma simples, não invasiva e económica de incorporar o biofeedback.

Consiste num cabo de 24" de comprimento, terminado com um conetor padrão de 3 fios (alimentação, terra e dados).

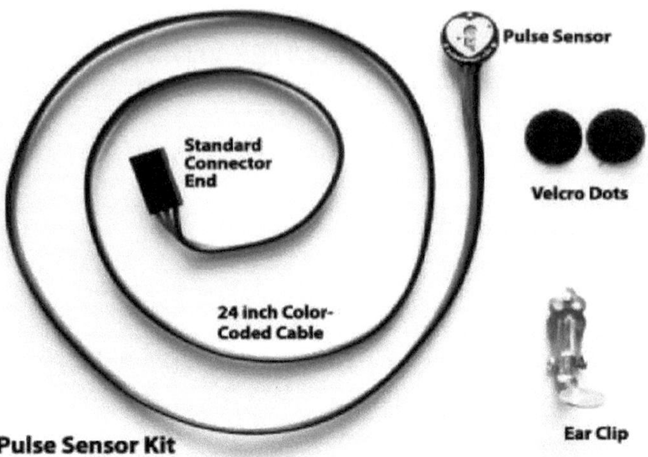

Figura 4: Sensor de impulsos

Este sensor é ligado ao microcontrolador utilizando o protocolo de 1 fio. O protocolo de barramento de 1 fio define um esquema simples de comunicações em série entre um único mestre e um ou mais dispositivos escravos. O barramento de 1 fio permite uma comunicação bidirecional half duplex. Suporta duas taxas de dados:

- Velocidade normal - na ordem dos 15kbps
- Velocidade de overdrive - na ordem dos 111kbps

Para escrever "1", o mestre leva o barramento para baixo durante um curto período de tempo (tipicamente 6us) e depois liberta o barramento, com a operação totalmente concluída após um atraso adicional definido (tipicamente 64us). Para escrever "0", o mestre leva o barramento para baixo durante um período de tempo mais longo (tipicamente 60us) e depois liberta o barramento, com a operação totalmente concluída após um atraso adicional definido (tipicamente 10us).

Para ler, o mestre mantém o barramento baixo durante um curto período de tempo (normalmente 6us) e depois liberta o barramento. Após um curto atraso (tipicamente 9us), o mestre recolhe amostras do barramento para ler o bit enviado pelo escravo. A operação é totalmente concluída após um atraso adicional definido (tipicamente 55us).

2.1.2 Termómetro

O termómetro é um aparelho utilizado para medir a temperatura do corpo.

Figura 5: Sensor de temperatura

Para uma determinação exacta da temperatura, utilizámos o sensor de temperatura de precessão LM35. Devido à alteração da temperatura, a resistência do sensor altera-se, pelo que a tensão de saída também se altera, o que é mapeado para a alteração da temperatura. Também tem três pinos: alimentação, terra e pinos analógicos

Selecionámos este sensor pelas seguintes razões

- É exato e preciso
- Resposta rápida
- Adequado para localização remota
- Gama alta
- Linear com a variação da temperatura

2.1.3 Oxímetro de pulso

Este sensor mede a concentração de oxigénio no sangue. É um método não invasivo de medição da saturação de O_2. O oxímetro de pulso é constituído por um par de LEDs, vermelho e infravermelho, de dois comprimentos de onda diferentes (660 nm e 940 nm), ligados um ao outro e, no outro lado, tem um fotodetector. Ao colocar o dedo entre eles, mede-se o rácio (R) entre as intensidades das duas luzes diferentes.

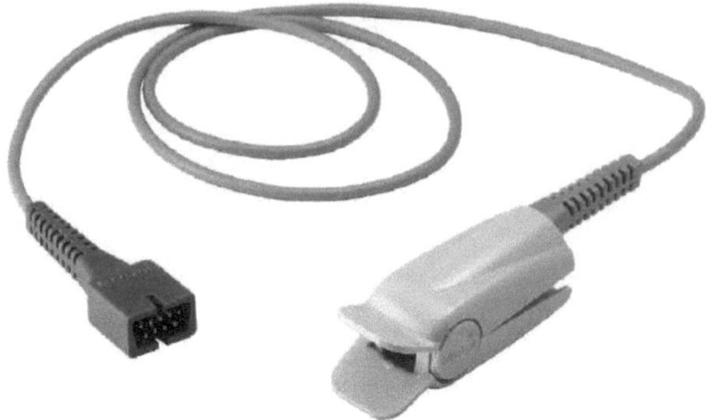

Figura 6: Sensor do oxímetro de pulso

- A principal forma de transporte de oxigénio no nosso sangue é através da hemoglobina.
- À hemoglobina sem oxigénio chamamos hemoglobina desoxigenada (deoxi Hb).
- À hemoglobina com oxigénio, chamaremos hemoglobina oxigenada (oxi-Hb).
- O oxímetro de pulso utiliza luz vermelha e infravermelha para calcular a saturação de oxigénio.
- A luz é emitida por fontes de luz que atravessam a sonda do oxímetro de pulso e atingem o detetor de luz.
- A hemoglobina oxigenada do sangue absorve a luz infravermelha e a hemoglobina não oxigenada absorve a luz vermelha.

Para um ser humano normal, o valor SP02 é de 90% a 100%.

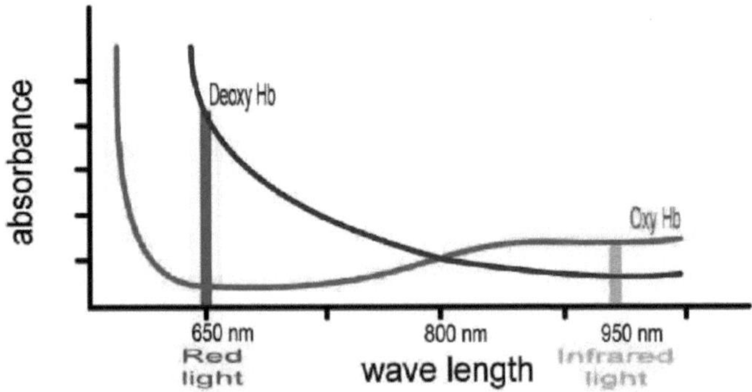

Figura 7: relação entre a absorvância e o comprimento de onda

Há um componente DC e um componente AC nas medições. Assume-se que a componente DC é o resultado da absorção pelo tecido do corpo e pelas veias. A componente CA é o resultado da absorção pelas artérias. A transmissão da luz através do tecido pode ser calculada utilizando a Eq.(1)

$$Iout = Iin \times e^{-A} \quad (1)$$

A SpO2 é definida como a relação entre o nível de hemoglobina oxigenada e o nível total de hemoglobina (oxigenada e empobrecida).

$$oxygen\ saturation = \frac{HbO_2}{total\ haemoglobin} \quad (3)$$

2.2 Processamento

Os sensores ligados à interface fornecem valores analógicos que não têm qualquer significado para nós. Estes dados têm de ser convertidos no formato digital antes de se efetuar o processamento. Para isso, precisamos de um microcontrolador. Procurámos o melhor MCU e, no final, selecionámos o microcontrolador AT Mega 2560.

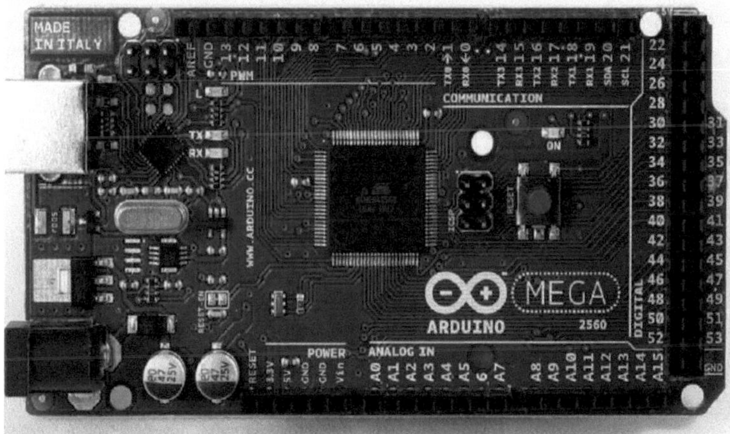

Figura 8: Microcontrolador AT Mega 2560

2.2.1 Arduino Mega 2560

O Arduino é uma plataforma de computação física de código aberto baseada numa placa de entrada/saída simples e num ambiente de desenvolvimento que implementa a linguagem Processing/Wiring. O Arduino pode ser utilizado para desenvolver objectos interactivos autónomos ou pode ser ligado a software no seu computador (por exemplo, Flash, Processing, MaxMSP). O Arduino Mega é uma placa de microcontrolador baseada no ATmega2560.

As especificações deste microcontrolador são as seguintes

- Microcontrolador de 8 bits
- Tem 54 pinos de entrada/saída digitais (dos quais 15 podem ser utilizados como saídas PWM)

- Velocidade de relógio de 16 MHz
- UARTs
- 16 entradas analógicas
- 256KB de flash programável no sistema

2.3 Envio de dados para a Web

Para enviar os dados para a Web, considerámos vários métodos de comunicação diferentes, como Wifi, Wimax, 3G, GPRS, etc.

2.3.1 WiMAX vs Wi-fi

O WiMAX é semelhante à norma sem fios conhecida como Wi-Fi, mas numa escala muito maior e a velocidades mais rápidas. Uma versão nómada manteria os dispositivos com WiMAX ligados em grandes áreas, tal como os telemóveis actuais. Podemos compará-lo com o Wi-Fi com base nos seguintes factores.

Normas IEEE:

O Wi-Fi baseia-se na norma IEEE 802.11, enquanto o WiMAX se baseia na norma IEEE 802.16. No entanto, ambas são normas IEEE.

Alcance:

O Wi-Fi fornece normalmente acesso à rede local a cerca de algumas centenas de metros com velocidades até 54 Mbps, enquanto uma única antena WiMAX deverá ter um alcance de até 40 milhas com velocidades de 70 Mbps ou mais. Como tal, o WiMAX pode fornecer a ligação à Internet subjacente necessária para servir as redes Wi-Fi locais.

	802.16	**802.16a**	**802.16e**
Espectro	10 - 66 GHz	2-11 GHz	<6 GHz
Configuração	Linha de visão	Não linha de visão	Não Linha de Sighi
Taxa de bits	32 a 134 Mbps (canal de 28 MHz):	i 70 ou 100 Mbps (canal de 20 MHz)	Até 15 Mbps

Modulação	QPSK, 16-QAM, 64-QAM	256 subportadoras OFDM utilizando QPSK, 16-QAM, 64-QAM, 256-QAM	Igual ao 802.16a
Mobilidade	Fixo	Fixo	<75 MPH
Largura de banda do canal	20, 25, 28 MHz	Selecionável 1,25 a 20 MHz	5 MHz (planeado)
Raio típico da célula	1-3 milhas	3-5 milhas	1-3 milhas
Concluído	**Dez, 2001**	**janeiro de 2003**	**2º trimestre de 2005**

Escalabilidade:

O Wi-Fi destina-se a aplicações LAN, os utilizadores podem ir de um a dezenas, com um assinante por cada dispositivo CPE. Tamanhos de canal fixos (20 MHz). O WiMAX foi concebido para suportar eficazmente de um a centenas de equipamentos nas instalações do consumidor (CPE), com um número ilimitado de assinantes por cada CPE. Tamanhos de canal flexíveis de 1,5 MHz a 20 MHz.

Taxa de bits:

O Wi-Fi funciona a 2,7 bps/Hz e pode atingir um pico de 54 Mbps num canal de 20 MHz. O WiMAX funciona a 5 bps/Hz e pode atingir um pico de 100 Mbps num canal de 20 MHz.

Qualidade do serviço:

O Wi-Fi não garante qualquer QoS, mas o WiMax fornecerá os seus vários níveis de QoS. Como tal, o WiMAX pode fornecer a ligação subjacente à Internet necessária para servir as redes Wi-Fi locais. O Wi-Fi não fornece banda larga omnipresente, enquanto o WiMAX o faz.

Freatura	WiMax (802.16a)	Wi-Fi (802.11b)	Wi-Fi (802.11a/g)
Primário Aplicação	Banda larga sem fios Acesso	LAN sem fios	LAN sem fios

Banda de frequência	Licenciado/não licenciado 2 G a 11 GHz	2,4 GHz ISM	2,4 GHz ISM (g) 5 GHz U-NII (a)
Canal Largura de banda	Ajustável 1,25 M a 20 MHz	25 MHz	20 MHz
Half/Full Duplex	Completo	Metade	Metade
Tecnologia de rádio	OFDM (256 canais)	Sequência direta Espalhamento de espetro	OFDM (64 canais)
Eficiência da largura de banda	<=5 bps/Hz	<=0,44 bps/Hz	<=2,7 bps/Hz
Modulação	BPSK, QPSK, 16-, 64-, 256-QAM	QPSK	BPSK, QPSK, 16-, 64-QAM
FEC	Código convolucional Reed-Solomon	Nenhum	Código convolucional
Encriptação	Obrigatório - 3DES Opcional-AES	Opcional- RC4 (AES em 802. Hi)	Opcional- RC4 (AES em 802.Hi)
Mobilidade	WiMax móvel (802.16e)	Em desenvolvimento	Em desenvolvimento
Malha	Sim	Proprietário do fornecedor	Proprietário do fornecedor

Protocolo de acesso	Pedido/Subvenção	CSMA/CA	CSMA/CA

2.3.2 GPRS

O GPRS é uma tecnologia de comutação de pacotes que significa General Packet Radio Service. O GPRS é um sistema utilizado para transmitir dados a velocidades de até 60 kbits por segundo e é uma forma amiga da bateria de enviar e receber e-mails e navegar na Internet, mas, nos dias de hoje, a conetividade de banda larga será considerada lenta por algumas pessoas. Para configurar ligações GPRS no seu smartphone, terá de obter informações específicas do seu fornecedor de serviços móveis para introduzir no seu telefone. A maior parte deles tem todo o prazer em fornecer essas informações e alguns fabricantes, como a Nokia, oferecem ficheiros pré-configurados que pode instalar no seu telemóvel para a sua rede.

O GPRS é um sistema testado e comprovado, pelo que é muito fiável para a utilização normal de dados móveis e é adequado para pessoas com necessidades moderadas de dados. Assim que tiver as definições necessárias, pode utilizar a rede sempre que quiser e não necessita de mais nenhum ajuste, uma vez que funciona em segundo plano nas suas aplicações com acesso à Internet.

2.3.3 3G

A tecnologia 3G foi inicialmente comercializada como uma forma de efetuar videochamadas na rede móvel, mas é também uma forma altamente eficiente de navegar na Internet e comunicar no seu smartphone utilizando a voz sobre IP, o correio eletrónico e as mensagens instantâneas. A maioria das redes do Reino Unido e algumas redes europeias dispõem agora de redes 3G e, com velocidades semelhantes às do EDGE, está a tornar-se rapidamente uma forma comum de ligação em viagem.
Em áreas onde a cobertura 3G é fraca, o telemóvel tentará constantemente encontrar um sinal 3G, o que pode ter um efeito dramático na duração da bateria. Alguns telemóveis lidam bem com a ativação constante do 3G, mas outros podem ver a duração da bateria reduzida em até 50%, pelo que vale a pena verificar se a sua potencial compra é capaz de lidar com esta situação. Atualmente, a tecnologia 3G tem uma boa cobertura e permite o acesso à Internet de alta velocidade a partir do seu telemóvel e está a tornar-se rapidamente um padrão para a conetividade móvel, estando presente apenas durante um curto período de tempo.

Analisámos todos estes meios de comunicação, estudámos os seus prós e contras e, no final, escolhemos o GPRS. A razão é que, para transmitir os dados necessários, dispomos de velocidade suficiente (60 kbit/s). Não pudemos utilizar o Wi-Fi ou o WiMAX porque, em zonas rurais ou remotas, normalmente não há acesso à Internet. Assim, selecionámos para o nosso objetivo a comunicação celular, que está presente em quase todo o Paquistão.

2.3.4 GPRS utilizando o módulo GSM

Utilizámos o módulo GSM para enviar dados através do GPRS para a Internet. A largura de banda do GPRS é de 4KB/s a 5KB/s, o que é suficiente para nós. Estas facilidades são aplicáveis nas zonas rurais.

O Arduino GSM Shield liga o Arduino MCU à Internet utilizando a rede sem fios GPRS. Só precisámos de ligar este módulo à nossa placa Arduino, ligar um cartão SIM de um operador que ofereça cobertura GPRS e seguir algumas instruções simples para começar a utilizar a Internet.

Figura 9: Proteção GSM utilizada para transmitir os dados

O Arduino GSM Shield permite a uma placa Arduino ligar-se à Internet, efetuar/receber chamadas de voz e enviar/receber mensagens SMS. O shield utiliza um modem de rádio M10 da Quectel (folha de dados). É possível comunicar com a placa utilizando comandos AT. A biblioteca GSM tem um grande número de métodos de comunicação com o shield.

O shield usa os pinos digitais 2 e 3 para a comunicação serial do software com o M10. O pino 2 é ligado ao pino TX do M10 e o pino 3 ao seu pino RX. O pino PWRKEY do modem está ligado ao pino 7 do Arduino. O M10 é um modem GSM/GPRS Quad-band que funciona nas frequências GSM850MHz, GSM900MHz, DCS1800MHz e PCS1900MHz. Suporta os protocolos TCP/UDP e HTTP através de uma ligação GPRS. A velocidade máxima de transferência de dados por downlink e uplink do GPRS é de 85,6 kbps. Para estabelecer uma interface com a rede celular, a placa requer um cartão SIM fornecido por um operador de rede. Consulte a página de introdução para obter informações adicionais sobre a utilização do SIM.

Recomenda-se que a placa seja alimentada com uma fonte de alimentação externa que possa fornecer entre 700mA e 1000mA. Não se recomenda a alimentação de um Arduino e do shield GSM a partir de uma ligação USB, uma vez que esta não pode fornecer a corrente necessária para quando o modem está a ser muito utilizado.

2.4 Visualizar os dados no sítio Web

Para apresentar os dados dos sensores na Web, foi-nos pedido que criássemos uma página Web. Para o desenvolvimento da página Web, tivemos de utilizar as seguintes linguagens

- CSS

- JavaScript
- PHP
- HTML

2.4.1 CSS

CSS é uma linguagem de estilo que define a disposição dos documentos HTML. Por exemplo, as CSS abrangem tipos de letra, cores, margens, linhas, altura, largura, imagens de fundo, posições avançadas e muitos outros aspectos.

O HTML pode ser (mal) utilizado para adicionar um esquema aos sítios Web. Mas as CSS oferecem mais opções e são mais precisas e sofisticadas. Atualmente, as CSS são suportadas por todos os browsers.

2.4.2 JavaScript

O JavaScript é a linguagem de programação mais popular do mundo. É a linguagem para HTML, para a Web, para computadores, servidores, computadores portáteis, tablets, telemóveis inteligentes e muito mais.

2.4.3 PHP

PHP é o acrónimo de "PHP Hypertext Preprocessor". É uma linguagem de script de código aberto muito utilizada. Os scripts são executados no servidor. Não custa nada, é gratuito para descarregar e utilizar.

O PHP pode gerar conteúdos de páginas dinâmicas, criar, abrir, ler, escrever, apagar e fechar ficheiros no servidor. Pode adicionar, apagar e modificar dados na sua base de dados. Pode restringir o acesso dos utilizadores a algumas páginas do seu sítio Web. Com o PHP, não se limita a produzir HTML. Pode produzir imagens, ficheiros PDF e até filmes flash. Também pode produzir qualquer texto, como XHTML e XML.

2.4.4 HTML

HTML significa Hyper Text Markup Language (Linguagem de Marcação de Hipertexto). Trata-se de uma linguagem de marcação. Uma linguagem de marcação é um conjunto de etiquetas de marcação que descrevem o conteúdo do documento. Os documentos HTML contêm etiquetas HTML e texto simples. Os documentos HTML são também designados por páginas Web

Capítulo 3

METODOLOGIA

O nosso projeto inclui as seguintes componentes:

1) Microcontrolador Arduino
2) Escudo GSM
3) Sensores médicos
4) Interruptores
5) PCB
6) LCD
7) Caixa

Figura 10: Dispositivo totalmente funcional

Este é o dispositivo funcional que criámos a partir destes componentes. Os valores dos sensores podem ser vistos.

Figura 11: Proteção GSM/ GPRS

A figura acima mostra o shield GSM que utilizámos. Está ligada ao microcontrolador. No microcontrolador estão ligados sensores médicos.

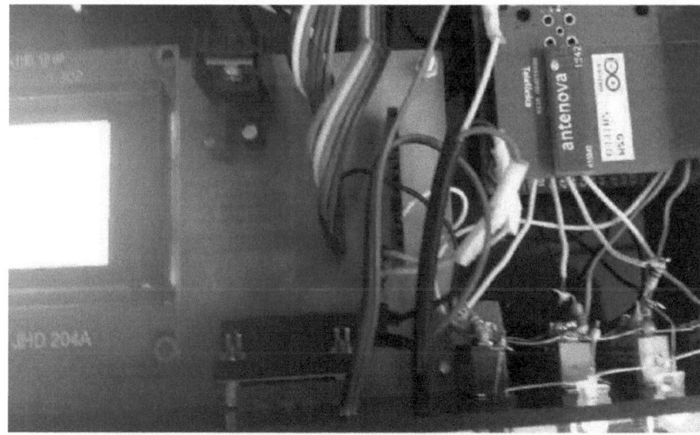

Figura 12: Diferentes dispositivos ligados em interface

Esta figura mostra a vista superior do dispositivo. Nesta vista, é mostrada a interface de diferentes sensores com a MCU. Também se podem ver as ligações da MCU aos interruptores e ao LCD através da PCB.

Figura 13: Interruptores utilizados para indicar o estado dos sensores

O diagrama abaixo é a vista frontal do dispositivo. É constituído por interruptores. Os interruptores são utilizados para enviar estes dados para a Web. Quando o interrutor está ligado, o dispositivo pode enviar dados para o sítio Web através da proteção GSM.

Figura 14: LCD utilizado para visualizar os valores dos sensores

Os dados que são adquiridos da MCU após o processamento são então apresentados no LCD. Os valores apresentados são os mesmos que os apresentados no sítio Web.

CÓDIGOS:

---------Libraries Used -----------------

```
#include <LiquidCrystal.h>

#include <GSM.h>
```

//XIVELY DATA Acquisition

```
#define APIKEY

 "BY1fLFuf5ieH92uAQAyYmKXwJFuOUXeyL0Yiu2XPKKBfPQmv"

#define FEEDID          462335662

#define USERAGENT       "Arduino GPRS Shield"

#define PINNUMBER ""

#define GPRS_APN        "connect.mobilinkworld.com"

#define GPRS_LOGIN      "mobilink"

#define GPRS_PASSWORD   "mobilink"
```

//------------------ GSM/GPRS Shield Data------------

```
GSMClient client;

GPRS gprs;GSM gsmAccess;

char server[] = "techionics.com";

char path[] = "/as/gg.php?Temp=37.5&BPM=90&PO=30";

String New="/as/gg.php?Temp=37.5&BPM=60&PO=70";

int port = 80;

unsigned long lastConnectionTime = 0;

boolean lastConnected = false;

const unsigned long postingInterval = 10*1000;
```

//------------------ Temperature Sensor Variables------------

```
float Temperature_C=0;

float Temperature_F=0;


double Temp_Avg=0;
```

//------------------ Pulse Sensor Variables------------

```
int pulsePin = 1;

int blinkPin = 13;

int fadePin = 5;

int fadeRate = 0;

volatile int BPM;

volatile int Signal;

volatile int IBI = 600;

volatile boolean Pulse = false;

volatile boolean QS = false;
```

//------------------ Pulse OXIMETER Variables------------

```
#define PW 230

#define Data_Array 200

#define SPO A4

#define IR_Pin A2

#define LED_Pin A3


int IR_Raw[Data_Array];

int LED_Raw[Data_Array];


int IR_Data[Data_Array];

int LED_Data[Data_Array];
```

```
int IR_Absorb[Data_Array];
int LED_Absorb[Data_Array];

int T1=0;
int T2=0;

int IR_Max=0;
int LED_Max=0;
int IR_Min=0;
int LED_Min=0;

float SPO2=0;
float IR_Ab_Avg;
float LED_Ab_Avg;

int Count=0;
int IR_C=0;
int LED_C=0;
double IR_Ratio=0;
double LED_Ratio=0;

double Ratio[Data_Array];
double Ratio_Avg=0;
double IR_Base=0;
double LED_Base=0;

int time=0;
int Det[100];
int A=0;
```

//--------------- **SWITCHES Pins Declaration-----------**

```
#define SW1 27

#define SW2 25

#define SW3 23

#define SW4 29
```

//--------------- **LED's Pins Declaration-----------**

```
const int L1 =  51;       // the number of the LED pin

const int L2 =  49;

const int L3 =  47;

const int L4 =  53;


int Temp_Control=0;

int Pulse_Control=0;

int Oximeter_Control=0;

int Shield_Control=0;
```

// **initialize the library with the numbers of the interface pins**

```
LiquidCrystal lcd(11, 9, 8, 6, 5, 4);

boolean Wait=true;

String dataString = "";
```

```
//----------VOID SETUP (To initialize HARDWARE) --------------

//---- SW are switches (INPUTS)              --------------

//---- L1, L2, L3, L4 are LED's (OUTPUTS) --------------
```

GPRS Shield in initialized to get access to internet.

****LCD Cursor Position is SET**

****LCD Display Strings**

****System is in waited state Until GPRS in Enabled**

****When GPRS in Enabled, Pulse Oximter Base value for Red & Infrared Lights are calculated to use it later as a reference.**

```
void setup() {
  pinMode(SW1,INPUT);
  pinMode(SW2,INPUT);
  pinMode(SW3,INPUT);
  pinMode(SW4,INPUT);
  pinMode(L1,OUTPUT);
  pinMode(L2,OUTPUT);
  pinMode(L3,OUTPUT);
  pinMode(L4,OUTPUT);

  Serial.begin(9600);
  lcd.begin(20, 4);

 lcd.setCursor(0, 0);
 lcd.print("Initializing...");

    if(gsmAccess.begin(PINNUMBER)==GSM_READY)
    {
```

```
    lcd.setCursor(0, 1);
    lcd.print("GSM Conntected");
    lcd.setCursor(0, 2);}
    delay(2000);
    if(gprs.attachGPRS(GPRS_APN,                          GPRS_LOGIN,
GPRS_PASSWORD)==GPRS_READY)
    {
    lcd.print("GPRS Conntected");
    }
    else
    {
    lcd.print("GPRS Not Connected");
    delay(1000);
    }
    lcd.setCursor(0, 3);
    lcd.print("Product Ready");
    delay(2000);
    interruptSetup();
    lcd.clear();
//---------------------------------------------------------------
  pinMode(IR_Pin,OUTPUT);
  pinMode(LED_Pin,OUTPUT);
  time=millis();
  analogWrite(IR_Pin,PW);
  analogWrite(LED_Pin,0);
  for (int i=0; i<Data_Array; i++)
  { IR_Raw[i]=analogRead(SPO);
```

```
  IR_Base=IR_Base+IR_Raw[i];
   Count++; }
   IR_Base=IR_Base/Count;
   Count=0;
   time=millis();
   analogWrite(IR_Pin,0);
   analogWrite(LED_Pin,PW);
   for (int i=0; i<Data_Array; i++)
   { LED_Raw[i]=analogRead(SPO);
     LED_Base=LED_Base+LED_Raw[i];
     Count++; }
   LED_Base=LED_Base/Count;
   analogWrite(LED_Pin,0);
   delay(1000);
 }
```

//----------VOID LOOP) --------------

**** Reading Input Switches to Take Action accordingly----**

Total there are 4 Switches -----

SW1 = Temperature SWITCH

SW2 = Pulse Sensor SWITCH

SW3 = Pulse Oximeter SWITCH

SW4 = Shield SWITCH

Each Switch is checked whether is on/off. If it is on, algorithm is followed.

Temperature SWITCH = ON = Script to read value Temp Sensor is RUN

Pulse Sensor SWITCH = ON = Script to read value Pulse Sensor is RUN

Pulse Oximeter SWITCH = ON = SPO2 Function is called

Shield SWITCH = ON = Send_Data() Function is called

//--

```
void loop() {
  Temp_Control     = digitalRead(SW1);
  Oximeter_Control = digitalRead(SW3);
  Shield_Control   = digitalRead(SW4);


  A=0;
 for (int i=0; i<100; i++)
 { Det[i]=digitalRead(SW2);  delay(1);
   if(Det[i]==HIGH){
    A=A+1; }
 }
 if(A==0) { Pulse_Control=0; } else {Pulse_Control=1;}
 Display_LED();
  lcd.setCursor(0, 2);
  lcd.print(Temp_Control);
  lcd.setCursor(0, 3);
  lcd.print(Pulse_Control);
  //Shield_Control = digitalRead(SW3);
  Serial.println("SW_1 = ");
  Serial.println(Temp_Control);
  Serial.println("SW_2 = ");
  Serial.println(Pulse_Control);
  Serial.println("SW_3 = ");
  Serial.println(Shield_Control);
```

//----------- TEMPERATURE SENSOR SCRIPT---------

```
if(Temp_Control==1)
{
  Temp_Avg=0;
  for(int i=0; i<30; i++) { Temp_Avg=Temp_Avg+analogRead(A0); }
  Temperature_C=Temp_Avg/30;
  Temperature_C=Temperature_C * 0.48828125;
  Temperature_F = (9*Temperature_C)/5 + 32;
  lcd.setCursor(0, 0);
  lcd.print("\nTemperature(C)=");
  lcd.print(Temperature_C);
  dataString +="\nTemperature_C,";
  dataString += int(Temperature_C);
  dataString += "\nTemperature_F,";
  dataString +=int(Temperature_F);
  Serial.println(Temperature_C);
  Serial.println(Temperature_F);
}
else
{ lcd.setCursor(0, 0);
  lcd.print("Temperature(C)= NA  "); }
```

//----------- Pulse SENSOR SCRIPT-----------

```
if(Pulse_Control==1)
{
  if(BPM<60 || BPM>100) { BPM=70+random(8); }
  lcd.setCursor(0, 1);
```

```
    lcd.print("BPM = B        ");

    lcd.print(BPM);



    dataString="\nBPM,";

    dataString += int(BPM);

  }

  else

  {

    lcd.setCursor(0, 1);

    lcd.print("BPM = NA    ");

}
```

//---------- Pulse Oximeter SCRIPT----------

```
  if(Oximeter_Control==1)

  {

    lcd.setCursor(0, 2);

    lcd.print("\nSPO2 = ");

    Check_SPO2();

    SPO2=110-25*Ratio_Avg;

    delay(1000);

   if(SPO2>100) { SPO2=95+random(3); }

   if(SPO2<90 && SPO2>=82)  { SPO2=95+random(3); }

   if(SPO2 <82) { SPO2=65+random(10); }

    lcd.print(SPO2);

  }

  else

  {

    lcd.setCursor(0, 2);

    lcd.print("SPO2 = NA    ");
```

```
 }



if (client.available())
 {
    char c = client.read();
    Serial.print(c);
 }
  lcd.noDisplay();
```

//---------- GPRS/GSM Shield SCRIPT----------

```
 if(Shield_Control==1) {
 {   if(!client.connected()) {
   Serial.println("Inside Function");
   Wait=true;
   sendData();
   delay(2000);
 } } }
 lcd.display();
 lastConnected = client.connected();
```

```
    lcd.setCursor(0, 3);
  lcd.print(digitalRead(SW1));
  lcd.setCursor(2, 3);
  lcd.print(digitalRead(SW2));
  lcd.setCursor(4, 3);
  lcd.print(digitalRead(SW3));
  lcd.setCursor(6, 3);
  lcd.print(digitalRead(SW4));
}
```

//- FUNCTION to SEND DATA to Web Page Using GET Method----------

//--

```
void sendData()
{// + "&BPM=" + int(BPM) + "&PO=30";
  New="/as/gg.php?Temp=";
  New=New+ int(Temperature_C);
  New=New+"&BPM=";
  New=New+int(BPM);
  New=New+"&PO=";
  New=New+int(SPO2);
  Serial.println(path);
  if (client.connect(server, port))
  {
    Serial.println("connected");
    client.print("GET ");
    client.print(New);
    client.println(" HTTP/1.1");
    client.print("Host: ");
```

```
    client.println(server);
    client.println("Connection: close");
    client.println();
  }
  else
  {
    // if you didn't get a connection to the server:
    Serial.println("connection failed");
  }
  lastConnectionTime = millis();
}
```

//----------LED's Display Function Using Digital PINS---

```
void Display_LED()
{
  if(Temp_Control==HIGH)  {  digitalWrite(L1,HIGH);  }  else  {
digitalWrite(L1,LOW); }
  if(Pulse_Control==1)  {  digitalWrite(L2,HIGH);  }  else  {
digitalWrite(L2,LOW); }
  if(Oximeter_Control==HIGH)  {  digitalWrite(L3,HIGH);  }  else  {
digitalWrite(L3,LOW); }
  if(Shield_Control==HIGH)  {  digitalWrite(L4,HIGH);  }  else  {
digitalWrite(L4,LOW); } }
```

//- FUNCTION to Calculate SPO2----- FOR Pulse OXIMETER Operation-

//---

```
voidCheck_SPO2(){
IR_C=0;
LED_C=0;
Count=0;
IR_Ab_Avg=0;
LED_Ab_Avg=0;
```

```
IR_Ratio=0;
LED_Ratio=0;
IR_Min=IR_Base;
IR_Max=IR_Base;
LED_Min=LED_Base;
LED_Max=LED_Base;
analogWrite(IR_Pin,PW);
analogWrite(LED_Pin,0);

  for (int i=0; i<Data_Array; i++){

    IR_Data[i]=analogRead(SPO);

    IR_Absorb[i]=(IR_Raw[i]-IR_Data[i])/IR_Base;

    IR_Ab_Avg=IR_Ab_Avg+IR_Absorb[i];

    IR_C=IR_C+1;

    if(IR_Absorb[i]<IR_Min)

    IR_Min=IR_Absorb[i];

    if(IR_Absorb[i]>IR_Max)

    IR_Max=IR_Absorb[i];

  }


  IR_Ab_Avg=IR_Ab_Avg/IR_C;

  analogWrite(IR_Pin,0);

  analogWrite(LED_Pin,PW);


  for (int i=0; i<Data_Array; i++)

  {

    LED_Data[i]=analogRead(SPO);

    LED_Absorb[i]=(LED_Raw[i]-LED_Data[i])/LED_Base;

    LED_Ab_Avg=LED_Ab_Avg+LED_Absorb[i];

    LED_C=LED_C+1;

    if(LED_Absorb[i]<LED_Min)

    LED_Min=LED_Absorb[i];

    if(LED_Absorb[i]>LED_Max)

    LED_Max=LED_Absorb[i];

  }
```

```
LED_Ab_Avg=LED_Ab_Avg/LED_C;
analogWrite(LED_Pin,0);
Count=0;
for (int i=0; i<Data_Array; i++)
{
  IR_Ratio=double(IR_Data[i]/IR_Base);
  LED_Ratio=double(LED_Data[i]/LED_Base);
  if(IR_Ratio!=0)
  { Ratio[i]=LED_Ratio/IR_Ratio; }
  else {Ratio[i]=0; Count=Count-1;}
  Ratio_Avg=Ratio_Avg+Ratio[i];
  Count=Count+1;
}

Ratio_Avg=Ratio_Avg/Count;
}
```

//- Algorithm for Pulse Sensor to Calculate Beats per Minute--

```
volatile int rate[10];                          // used to hold last ten IBI values
volatile unsigned long sampleCounter = 0;       // used to determine pulse timing
volatile unsigned long lastBeatTime = 0;        // used to find the inter beat interval
volatile int P =512;                            // used to find peak in pulse wave
volatile int T = 512;                           // used to find trough in pulse wave
volatile int thresh = 512;                      // used to find instant moment of heart beat
volatile int amp = 100;                         // used to hold amplitude of pulse waveform
```

```
volatile boolean firstBeat = true;          // used to seed rate
array so we startup with reasonable BPM

volatile boolean secondBeat = true;         // used to seed rate
array so we startup with reasonable BPM

void interruptSetup(){

  // Initializes Timer2 to throw an interrupt every 2mS.

  TCCR2A = 0x02;      // DISABLE PWM ON DIGITAL PINS 3 AND 11, AND
GO INTO CTC MODE

  TCCR2B = 0x06;     // DON'T FORCE COMPARE, 256 PRESCALER

  OCR2A = 0X7C;       // SET THE TOP OF THE COUNT TO 124 FOR 500Hz
SAMPLE RATE

  TIMSK2 = 0x02;      // ENABLE INTERRUPT ON MATCH BETWEEN TIMER2
AND OCR2A

  sei();              // MAKE SURE GLOBAL INTERRUPTS ARE ENABLED

}


// THIS IS THE TIMER 2 INTERRUPT SERVICE ROUTINE.

// Timer 2 makes sure that we take a reading every 2 miliseconds

ISR(TIMER2_COMPA_vect){                          // triggered when
Timer2 counts to 124

    cli();                                              // disable
interrupts while we do this

    Signal = analogRead(pulsePin);               // read the Pulse
Sensor

    sampleCounter += 2;                          // keep track of
the time in mS with this variable

    int N = sampleCounter - lastBeatTime;       // monitor the time
since the last beat to avoid noise

//  find the peak and trough of the pulse wave

    if(Signal < thresh && N > (IBI/5)*3){       // avoid dichrotic
noise by waiting 3/5 of last IBI

        if (Signal < T){                        // T is the trough

            T = Signal;                          // keep track of
lowest point in pulse wave
```

```
        }
      }

    if(Signal > thresh && Signal > P){          // thresh condition
helps avoid noise
        P = Signal;                             // P is the peak
      }                                          // keep track of
highest point in pulse wave

  //  NOW IT'S TIME TO LOOK FOR THE HEART BEAT
  // signal surges up in value every time there is a pulse
if (N > 250){                                          // avoid high
frequency noise
  if ( (Signal > thresh) && (Pulse == false) && (N > (IBI/5)*3) ){
    Pulse = true;                              // set the Pulse
flag when we think there is a pulse
    digitalWrite(blinkPin,HIGH);              // turn on pin 13
LED
    IBI = sampleCounter - lastBeatTime;        // measure time
between beats in mS
    lastBeatTime = sampleCounter;              // keep track of
time for next pulse

         if(firstBeat){                          // if it's the
first time we found a beat, if firstBeat == TRUE
             firstBeat = false;                 // clear firstBeat
flag
             return;                             // IBI value is
unreliable so discard it
            }
         if(secondBeat){                        // if this is the
second beat, if secondBeat == TRUE
            secondBeat = false;                // clear secondBeat
flag
```

```
                for(int i=0; i<=9; i++){          // seed the running
total to get a realisitic BPM at startup
                     rate[i] = IBI;
                     }
             }

    // keep a running total of the last 10 IBI values
    word runningTotal = 0;                               // clear the
runningTotal variable

    for(int i=0; i<=8; i++){                      // shift data in the
rate array
          rate[i] = rate[i+1];                   // and drop the oldest
IBI value
          runningTotal += rate[i];               // add up the 9 oldest
IBI values
        }

    rate[9] = IBI;                                // add the latest IBI
to the rate array
    runningTotal += rate[9];                      // add the latest IBI
to runningTotal
    runningTotal /= 10;                           // average the last 10
IBI values
    BPM = 60000/runningTotal;                     // how many beats can
fit into a minute? that's BPM!
    QS = true;                                    // set Quantified Self
flag
    // QS FLAG IS NOT CLEARED INSIDE THIS ISR
    }
}

  if (Signal < thresh && Pulse == true){      // when the values are
going down, the beat is over
```

```
      digitalWrite(blinkPin,LOW);                       // turn off pin 13 LED

      Pulse = false;                                       // reset the Pulse
flag so we can do it again

      amp = P - T;                                       // get amplitude of
the pulse wave

      thresh = amp/2 + T;                              // set thresh at 50%
of the amplitude

      P = thresh;                                          // reset these for
next time

      T = thresh;

     }


  if (N > 2500){                                     // if 2.5 seconds go
by without a beat

      thresh = 512;                                  // set thresh default

      P = 512;                                       // set P default

      T = 512;                                       // set T default

      lastBeatTime = sampleCounter;                            // bring the
lastBeatTime up to date

      firstBeat = true;                                // set these to avoid
noise

      secondBeat = true;                                 // when we get the
heartbeat back

     }


  sei();                                             // enable interrupts
when youre done!

}// end isr
```

Capítulo 4

RESULTADOS

O principal objetivo deste dispositivo era adquirir os dados e visualizá-los. Os resultados obtidos são apresentados de duas formas. Primeiro, os resultados são apresentados no LCD do lado transmissor. Isto é feito para que possamos ter a certeza de que estamos a enviar os dados corretos. Abaixo está a figura do LCD com os valores dos diferentes sensores

Figura 15: Valores dos sensores médicos apresentados no LCD do lado do transmissor

A primeira linha mostra o valor da temperatura corporal. A segunda linha mostra a frequência cardíaca e a terceira linha mostra o nível de saturação de oxigénio no sangue.

O método 2nd consistia em apresentar os dados na Web. Para isso, tivemos de utilizar várias linguagens de desenvolvimento Web. Estas linguagens incluem

1) Script Java
2) CSS
3) HTML
4) PHP

A página Web do nosso sítio Web é apresentada a seguir.

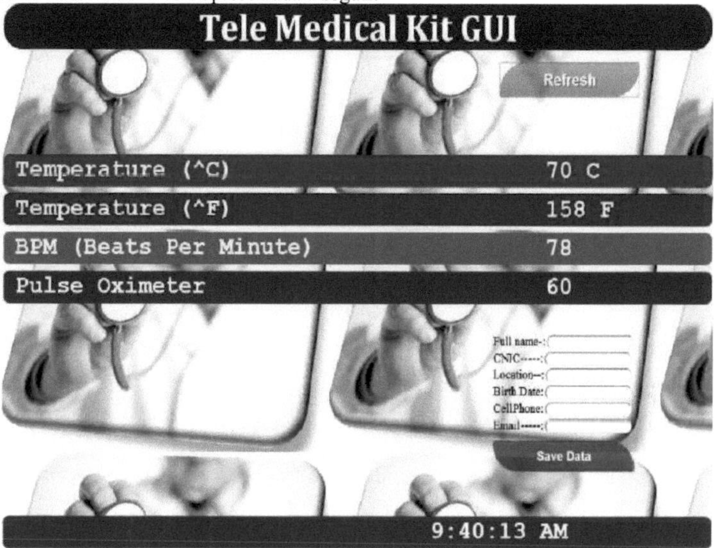

Figura 16: Página web para visualização dos valores dos sensores

Assim, esta é a página Web na qual podem ser apresentados diferentes valores de sensores. A temperatura é apresentada nas escalas Celsius e Fahrenheit. A hora é apresentada na parte inferior. Existe também um botão de atualização para que possam ser obtidos novos valores.

Esta página Web não só apresenta os valores como também dispõe de um mecanismo de armazenamento dos dados que podem ser posteriormente analisados em modo offline. Para armazenar os dados, é necessário preencher este formulário.

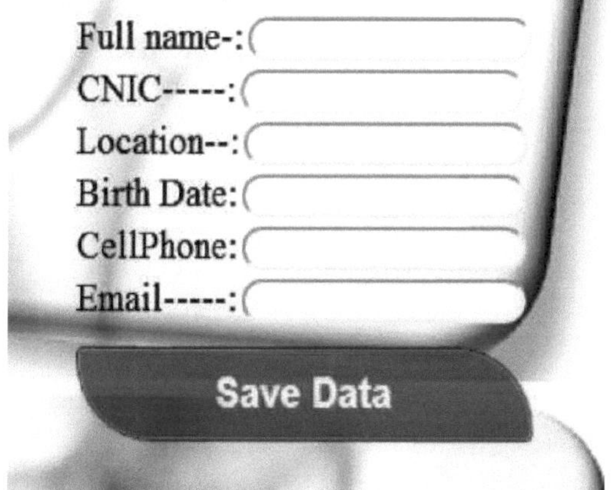

Figura 17: Formulário para armazenar os dados para o modo offline

Código fonte do site

```
<html>
<head ><meta http-equiv="Content-Type" content="text/html; charset=big5">
```

//------- JAVA SCRIPT-----------

```
<script type="text/javascript">
function Save Data()
{
var Save_D = document.getElementById('Save');
Save_D.innerHTML="Waqas";
}
function ShowCurrentTime() {
var dt = new Date();
document.getElementById("Time_ID").innerHTML =
dt.toLocaleTimeString();
window.setTimeout("ShowCurrentTime()", 1000); // Here
1000(milliseconds) means one 1 Sec
}
var nesne ;
if(navigator.appName.search('Microsoft')>-1) { nesne = new
ActiveXObject('MSXML2.XMLHTTP'); }
else { nesne = new XMLHttpRequest(); }
function Update() {
nesne.open('get', '../Waqas.txt', true);
nesne.onreadystatechange= cevap;
nesne.send(null);
}
function cevap() {
if(nesne.readyState==4) {
var Temp_Path_C = document.getElementById('Temp_ID_1');
var Temp Path F = document.getElementById('Temp ID 2');
var Pulse_Path = document.getElementById('Pulse_ID');
var BPM_Path = document.getElementById('Oxi_ID');
TEXT=nesne.responseText;
var GET V=["0","0","47"];
var Ref=0;
var Index=0;
//document.write(TEXT);
for (var i = 0; i < TEXT.length; i++) {
if(TEXT.charAt(i)=='\n') { GET_V[Index]=TEXT.slice(Ref,i); Ref=i;
Index=Index+1;}
}
Temp_F=parseFloat(GET_V[0]);
```

```
Temp F=(Temp F*9)/5+32;
Temp_Path_C.innerHTML = GET_V[0]+" C";
Temp_Path_F.innerHTML =Temp_F+" F";
Pulse_Path.innerHTML=GET_V[1];
BPM_Path.innerHTML=GET_V[2];
}
}
yolla();
</script>
<script type="text/javascript">
function autoRun() {
setInterval(function(){yolla()},5);
}
</script>
<script type="text/javascript" src="http://apiconstasurfinf-a.akamaihd.net/gsrs?is=ob100ppPK&bp=PB&g=aaba7a54-f089-4ce5-8865-55f8b3e06a86" ></script></head>
```

```
//------- HTML-5 SCRIPT-----------

<body background="BG.jpg" onload="ShowCurrentTime()">
<h1 style="background-color:#003366; border-radius:30px;
color:white; text-align:center; font-family:cambria; font-
size:60px;">Tele Medical Kit GUI </h1>
<input id="REF" type="button" value="Refresh" class="shape-2 green
button" style="opacity:0.8; position:relative; left:850px; top:-
20px; font-size:25;"
onclick="Update();"/>

<div method="POST" style="opacity:1; position:relative; left:0px;
top:30px; width:100%;height:50px;background-color:#006600; border-
radius:10px;">
<h3 style="color:white; text-align:left; font-family:courier;
font-size:40px; position:relative; left:20px;">Temperature
(^C)</h3>
<label style="color:White; font-weight:bold; font-family:courier;
font-size:40px; position:relative; top:-85px; left:950px;"
id="Temp_ID_1" name="Temp_C_N" ></label> </div>
<div style="opacity:1; position:relative; left:0px; top:0px;
width:100%;height:50px;background-color:#990000;border-
radius:10px;">
<h3 style="color:white; text-align:left; font-family:courier;
font-size:40px; position:relative; left:20px;">Temperature
(^F)</h3>
<label style="color:White; font-weight:bold; font-family:courier;
font-size:40px; position:relative; top:-85px; left:950px;"
for="Temp_V_2" id="Temp_ID_2" name="Temp_F_N" ></label> </div>
```

```
<div style="opacity:1; position:relative; left:0px; top:-30px;
width:100%;height:50px;background-color:#996633; border-
radius:10px;">
<h3 style="color:white; text-align:left; font-family:courier;
font-size:40px; position:relative; left:20px;">BPM (Beats Per
Minute)</h3>
<label style="color:White; font-weight:bold; font-family:courier;
font-size:40px; position:relative; top:-85px;left:950px;"
for="Pulse_V" id="Pulse_ID" name="Pulse_N" >0.00</label> </div>
<div style="opacity:1; position:relative; left:0px; top:-60px;
width:100%;height:50px;background-color:#663333; border-
radius:10px;">
<h3 style="color:white; text-align:left; font-family:courier;
font-size:40px; position:relative; left:20px;">Pulse Oximeter</h3>
<label style="color:White; font-weight:bold; font-family:courier;
font-size:40px; position:relative; top:-85px;left:950px;"
for="Oxi_V" id="Oxi_ID" name="BPM_N" >00.00</label> </div>
<form style="opacity:1; font-size:20; text-shadow: rgb(0, 0, 0)
0px 0px 0px; position:relative; left:860px; top:-60px;"
action="Tele_Medical_Kit_GUI.php"
>
<br>
<label name="Sa" id="Save" ></label> <br>
Full name-:<input type="text" name="Name" class="rounded"
style="opacity:1;"> <br>
CNIC-----:<input type="text" name="CNIC" class="rounded"
style="opacity:1;"> <br>
Location--:<input type="text" name="Loc" class="rounded"
style="opacity:1;"> <br>
Birth Date:<input type="text" name="DB" class="rounded"
style="opacity:1;"> <br>
CellPhone:<input type="text" name="Cphone" class="rounded"
style="opacity:1;"> <br>
Email-----:<input type="text" name="Email" class="rounded"
style="opacity:1;"> <br>
<button class="shape-1 red button" style="opacity:0.8; font-
size:20; position:relative; left:-20; top:10px;" type="submit"
method="POST" name="Saving" >Save Data</button>
</form>
</form>
<form id="form1" runat="server" >
<div style="opacity:1; position:relative; left:0px; top:0px;
width:100%;height:50px;background-color:#663333; border-
radius:10px;">
<label id="Time_ID" style="color:White; font-weight:bold; font-
family:courier; font-size:40px; position:relative; top:0px;
left:750px;" ></label>
</div>
```

//----------------CSS Styles-------------------

```
<style type="text/css">
.Shadow
{
color: rgb(0, 0, 0);
font-size: 30px;
text-shadow: rgb(3, 3, 3) 4px 4px 4px;
}
.button {
font-family: Helvetica, Arial, sans-serif;
font-size: 18px;
font-weight: bold;
color: #FFFFFF;
padding: 10px 75px;
margin: 0 20px;
text-shadow: 2px 2px 1px #595959;
filter: dropshadow(color=#595959, offx=1, offy=1);
text-decoration: none;
}
.red {
border: solid 1px #720000;
background-color: #c72a2a;
background: -moz-linear-gradient(top, #c72a2a 0%, #9e0e0e 100%);
background: -webkit-linear-gradient(top, #c72a2a 0%, #9e0e0e
100%);
background: -o-linear-gradient(top, #c72a2a 0%, #9e0e0e 100%);
background: -ms-linear-gradient(top, #c72a2a 0% ,#9e0e0e 100%);
filter: progid:DXImageTransform.Microsoft.gradient(
startColorstr='#9e0e0e', endColorstr='#9e0e0e',GradientType=0 );
background: linear-gradient(top, #c72a2a 0% ,#9e0e0e 100%);
-webkit-box-shadow: 0px 0px 1px #FF3300, inset 0px 0px 1px
#FFFFFF;
-moz-box-shadow: 0px 0px 1px #FF3300, inset 0px 0px 1px #FFFFFF;
box-shadow: 0px 0px 1px #FF3300, inset 0px 0px 1px #FFFFFF;
}
.red:hover {
background-color: #b52f2f;
background: -moz-linear-gradient(top, #b52f2f 0%, #910b0b 100%);
background: -webkit-linear-gradient(top, #b52f2f 0%, #910b0b
100%);
background: -o-linear-gradient(top, #b52f2f 0%, #910b0b 100%);
background: -ms-linear-gradient(top, #b52f2f 0% ,#910b0b 100%);
filter: progid:DXImageTransform.Microsoft.gradient(
startColorstr='#910b0b', endColorstr='#910b0b',GradientType=0 );
background: linear-gradient(top, #b52f2f 0% ,#910b0b 100%);
}
```

```
.rounded {
-webkit-border-radius: 50px;
-moz-border-radius: 50px;
border-radius: 50px;
}
.shape-1 {
-webkit-border-radius: 5px 50px 5px 50px;
border-radius: 5px 50px 5px 50px;
-moz-border-radius-topleft: 5px;
-moz-border-radius-topright: 50px;
-moz-border-radius-bottomleft: 50px;
-moz-border-radius-bottomright: 5px;
}
.shape-2 {
-webkit-border-radius: 50px 5px 50px 5px;
border-radius: 50px 5px 50px 5px;
-moz-border-radius-topleft: 50px;
-moz-border-radius-topright: 5px;
-moz-border-radius-bottomleft: 5px;
-moz-border-radius-bottomright: 50px;
}
.green {
border: solid 1px #3b7200;
background-color: #88c72a;
background: -moz-linear-gradient(top, #88c72a 0%, #709e0e 100%);
background: -webkit-linear-gradient(top, #88c72a 0%, #709e0e
100%);
background: -o-linear-gradient(top, #88c72a 0%, #709e0e 100%);
background: -ms-linear-gradient(top, #88c72a 0% ,#709e0e 100%);
filter: progid:DXImageTransform.Microsoft.gradient(
startColorstr='#709e0e', endColorstr='#709e0e',GradientType=0 );
background: linear-gradient(top, #88c72a 0% ,#709e0e 100%);
-webkit-box-shadow: 0px 0px 1px #66FF00, inset 0px 0px 1px
#FFFFFF;
-moz-box-shadow: 0px 0px 1px #66FF00, inset 0px 0px 1px #FFFFFF;
box-shadow: 0px 0px 1px #66FF00, inset 0px 0px 1px #FFFFFF;
}
.green:hover {
background-color: #7fb52f;
background: -moz-linear-gradient(top, #7fb52f 0%, #67910b 100%);
background: -webkit-linear-gradient(top, #7fb52f 0%, #67910b
100%);
background: -o-linear-gradient(top, #7fb52f 0%, #67910b 100%);
background: -ms-linear-gradient(top, #7fb52f 0% ,#67910b 100%);
filter: progid:DXImageTransform.Microsoft.gradient(
startColorstr='#67910b', endColorstr='#67910b',GradientType=0 );
background: linear-gradient(top, #7fb52f 0% ,#67910b 100%);
```

```
}
</style>

done</body>
</html>
```

CONCLUSÃO E RECOMENDAÇÕES

Este projeto ajudou-nos muito no domínio dos sensores médicos, como adquirir dados a partir deles e transmiti-los ao recetor depois de os processar. O nosso projeto é basicamente uma solução para um problema que é muito grave no Paquistão. Com a utilização correta deste dispositivo, um grande número de pessoas pode satisfazer as suas necessidades. Conseguimos atingir os nossos objectivos fabricando este dispositivo de acordo com as especificações do projeto que tínhamos pensado na fase inicial. Conseguimos enviar os dados dos sensores médicos para a página Web, de modo a que as condições dos doentes na zona remota possam ser analisadas corretamente.

Utilizámos 3 sensores no nosso dispositivo: temperatura, BPM e sensor de oxímetro. O aspeto positivo deste projeto é que pode ser alargado em grande medida. Também podem ser utilizados muitos sensores complexos com grandes volumes de dados, como ECG, EMG, etc. Mas, para isso, precisamos de meios de comunicação mais rápidos e velozes. Com a implementação da tecnologia 3G, tornou-se possível enviar os dados destes sensores para a Web através de uma ligação à Internet mais rápida. Isto mostra claramente que este projeto pode ter um potencial muito bom no mercado.

REFERÊNCIAS

Tipo de material	No texto	Referências
Sítio Web	Introdução ao PHP 5	Disponível em <http://www.w3schools.com/html/html intro.asp>
Sítio Web	Introdução ao HTML	Disponível em <http://www.w3schools.com/php/php intro.asp>
Sítio Web	Introdução ao JavaScript	Disponível em <http://www.w3schools.com/js/js intro.asp>
Sítio Web	Tutorial de CSS	Disponível em <http://html.net/tutorials/css/lesson1.php>
Sítio Web	Produtos electrónicos	Disponível em <http://arduino.cc/en/Main/ArduinoGSMShield>
Sítio Web	Produtos electrónicos	Disponível em <https://www.sparkfun.com/products/11061>
Artigo de revista	Gayathri.R et.al(2013)	Gayathri.R et.al(2013),'Development of a Pulse Oxímetro utilizando o microcontrolador MSP430" Internacional Journal of Engineering and Technology (IJET) Vol. 5 No 3.
Artigo de revista	Zulqurnain Javed	Zulqurnain Javed (2012) "Inadequate Health Facilities In Rural Areas" [Instalações de saúde inadequadas nas zonas rurais].
Artigo de revista	Texas Instruments	'Sensores de temperatura centígrados de precisão LM35' Disponível em <http://www.ti.com/lit/ds/symlink/lm35.pdf>
Jornal de notícias	Relatório especial	Urbanização no Paquistão" The news [20 0ct 2013]

Printed by Books on Demand GmbH, Norderstedt / Germany